Zigong Dinosaur Museum

自贡 恐龙 博物馆

带你走进博物馆

SERIES

曾上游　编著

文物出版社

赠　言

　　未成年人将要承担中华民族伟大复兴的重任。关心未成年人的健康成长，关心他们的思想道德的建设是我们每个人的责任，各类博物馆不仅是展示我国和世界优秀历史文化的场所，也是未成年人学习知识、培养情操的第二课堂。

　　让这套丛书带你走进博物馆，让博物馆伴随你成长。

国家文物局局长　单霁翔

2004 年 12 月 9 日

馆 长 寄 语

　　恐龙是远古生命进化之树上尤为亮丽的奇葩。素以生存时间长、分布范围广、形态多样、种属繁杂和集群绝灭等特点著称，是所有已知史前动物中最引人注目的一类。

　　"四川恐龙多,自贡是个窝",这是我国著名古生物学家杨钟健教授形象而生动的评价。广袤的四川盆地在侏罗纪时期曾是恐龙等爬行动物生活的天堂,大量恐龙在这里繁衍生息,称雄一时。亿万年沧海桑田的巨变,使这片史前恐龙生活的故土成为蕴藏丰富恐龙化石资源的世界知名的"恐龙之乡"。

　　地处四川盆地南部的自贡市,早在1913－1915年,便有了恐龙化石的发现,这在中国南方也是最早的记录。20世纪70－80年代自贡地区的恐龙化石发现与发掘进入高潮,受到国内外古生物学界的广泛关注。尤其是1979年自贡大山铺恐龙化石群的发现,奠定了自贡恐龙在中国乃至世界恐龙化石发现研究史上的突出地位。1982年末自贡恐龙博物馆被国家批准在该地兴建,1987年,这一迄今亚洲最大的专门性恐龙遗址博物馆建成并对外开放。

　　自贡"恐龙新家"的建立,填补了我国博物馆建设的一项空白,标志着中国恐龙化石的收藏、保护、研究和展示由此翻开了新的一页。欲知恐龙为何物,欲睹恐龙神奇风采,欲领略地球沧桑巨变造成恐龙化石累累堆积的自然奇观,请走进"东方龙宫"——自贡恐龙博物馆。

自贡恐龙博物馆馆长　周远明

目 录　Contents

自贡恐龙博物馆

2003年5月12日，胡锦涛总书记视察参观自贡恐龙博物馆

瑰丽的龙宫——自贡恐龙博物馆基本陈列

在中国博物馆的百花园中，享有"东方龙宫"之美誉的自贡恐龙博物馆称得上一株秀美娇艳的科技奇葩。其寓意深远的建筑设计、琳琅满目的化石标本、雄奇壮观的埋藏现场、优美迷人的建筑环境无不为世人所称美。这座大型的、现代化的自然博物馆始建于1984年，建成于1987年。它不仅是我国第一座专门性的恐龙博物馆，同时与美国犹他州国立恐龙公园、加拿大阿尔伯塔省立恐龙公园并称目前世界上拥有大规模恐龙化石埋藏现场展示的三大田野博物馆。

造型独特的自贡恐龙博物馆主馆

一、龙宫印象

自贡恐龙博物馆位于四川省自贡市东北郊11公里的大山铺镇，占地6.6万余平方米，由主馆、绿化地带和游客中心等附属设施组成，为西南地区占地面积宏大的博物馆之一。

1.奇妙设计

自贡恐龙博物馆的建筑设计别具匠心。其建筑方案当初以设计竞赛的方式在全国征集，被采用的这个最佳方案是从70余个参赛的优秀方案中精选出来的，由当时中国建筑西南设计院三位年轻的设计师合作完成。该方案以"洪荒时代，一堆化石"为构思基调，巨石形体为造型基础，远眺如同一座巨型"岩窟"，俯视又恰似一具侧卧着的恐龙，宁静而有动感。其立意之新颖、造型之独特、表达

主题之准确，堪称我国现代博物馆建筑设计的经典之作，因此而荣获1983年度中国建筑设计金奖。

即便20年多年后的今天看来，自贡恐龙博物馆的设计方案仍不失其独特的艺术魅力，处处散发着美感。它充分利用了地形环境，突出显现了"恐龙群窟"这一特定的展示内容，刻意从内外装饰、环境点缀等方面营造出古朴、典雅、凝重的

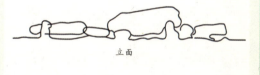

立面

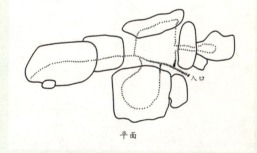

入口

平面

自贡恐龙博物馆设计构想示意图

史前氛围，给人以巨大的吸引力。

在造型上，它突破了较长一个时期来"豆腐块"、"火柴盒"式的建筑模式，而将博物馆各部分以大小不同的巨石形体叠加起来，使整座建筑物从外观上看，有凹有凸、有起有伏、层次分明、错落有致。

在装饰上，它以赭黄色为基调，突出体现建筑物凝重的石质感，使人由此产生对化石和恐龙的诸多联想。

此外，为避免失重感，"龙宫"接地与支撑部分，则以青色砂岩条石相承接，不仅石质的凝重感增强了，而且在色彩上有利于形成一定反差，从而使整座主馆建筑稳如盘石，气势更加恢宏。

"龙宫"的入口位于三块呈品字形堆砌的"巨石"当中，形同"岩缝"，并由一根粗大的石柱稳固地擎起。此"岩缝"

的天棚，也就是最上面一块"巨石"的底部，被塑造成螺旋放射状结构，其间均匀地饰有射灯。当夜晚来临，数十盏射灯一并闪亮，"巨石"底部便放射出灵动的光芒，整座"龙宫"犹如一个即将腾空而起的"飞碟"，仿佛随时可穿越时空。

2.成功建设

自贡恐龙博物馆的建设，一直受到党和各级政府的高度重视。建馆期间，万里、王任重、宋任穷、邓力群、方毅、郝建秀、张爱萍、宋健、胡启立等10余位党和国家领导人先后亲临现场视察。四川省与自贡市两级政府成立了专门的建馆协调与领导机构，使该工程建设有了强有力的组织保障。

本着"现在新颖，今后也不落后"的博物馆设计指导理念，自贡恐龙博物馆的建筑方案设计采用了全国范围内设计竞赛的形式，确保建筑设计的超凡脱俗、出类拔萃。

自贡恐龙博物馆的工程建设速度也是相当快的。其基础工程于1984年4月破土动工，7月主体工程上马，到1985年底，仅1年零8个月的时间主馆工程便全部竣工，并在1986年春节对外试展。后经一年的配套工程建设和内部陈列展览的调整充实，至1986年底筹建工作全部结束。1987年春节，自贡恐龙博物馆正式对外开放。从此，在地球的东方，在龙的国度上高耸起一座新颖别致的"地上龙宫"。

为加强配套基础设施建设，2002年自贡恐龙博物馆又新建了一座多功能的游客中心。它的外观造型酷似一具巨大的恐龙，形象生动、气派大方，成为该馆又一标志性建筑。

总之，自贡恐龙博物馆的建设是十分成功出色的。它先后荣获了"全国优秀工程一等奖"、"国家建筑工程金质奖"，以及"中国旅游胜地四十佳"、首批"国

游人如织的展厅一角

带你走进博物馆

家地质公园"、"国家ＡＡＡＡ旅游景区点"、"全国青少年科技教育基地"、"新中国成立50年四川十大建筑"、"20世纪有代表性的30个中国精品建筑"和"1901－2000年中华百年建筑经典"等殊荣。

　　如此奇妙绝伦的设计，加上高效成功的建设，一个精彩梦幻的恐龙博物馆就此诞生。绚烂夺目的视觉享受和异常真实的远古奇景，不仅给了人们一次视觉的愉悦和知识的启迪，还仿佛带我们跨越时空，飞向那遥远的天际，飞向那遥远的过去。

带你走进博物馆

抽象别致的游客中心

二、洪荒再现

恐龙是远在人类之前出现的陆生爬行动物，它们生活在地史上的中生代（约距今2.3—0.67亿年），这一时期以裸子植物与爬行动物的繁盛为特征。

最早的恐龙出现在中生代的三叠纪中期，从晚三叠世开始繁盛，到侏罗纪至白垩纪便成为独霸地球的优势动物，占据了陆地环境的多种生态领域，生生不息，盛极一时。直到白垩纪末，才全部绝灭，结束了其近1亿7千万年的"恐龙王朝"，退出生物进化的历史舞台。

如今，能证明这种古老的动物曾经存在过的唯一见证就是它们的遗体、遗物和遗迹保存在地层中所形成的化石。1822年，英国乡村医生曼特尔在出诊途中意外地发现了几颗巨大的动物牙齿，

后来被鉴定为是一种大型古代爬行动物——禽龙的牙齿。禽龙的发现开

曼特尔

创了人类有科学记录发现恐龙化石历史的先河。但直到1841年，英国古生物学家理查德·欧文，才对当时陆续发现的这类体型巨大、样子可怕、腿呈柱状的古代爬行动物作了正式命名，创建Dinosaur一词，意即"恐怖的蜥蜴"。我国科学家则把它译为"恐龙"，并沿用至今。由此可见，有关恐龙化石的研究始于19世纪初的欧洲，首先被研究命名的恐龙是禽龙（Iguanodon，1825年）和巨齿龙

带你走进博物馆

自贡恐龙博物馆

(Megalosaurus，1824 年）。随着研究的深入发展，恐龙的形象广为人知，特别是20世纪末几部以恐龙为题材的科幻巨片，如《侏罗纪公园》、《失落的世界》、《哥斯拉》、《恐龙》等在全球风靡一时后，更使有关恐龙的话题越发热门起来。

作为一座专门性的古生物博物馆，同时也是拥有大规模恐龙化石埋藏现场的遗址博物馆，自贡恐龙博物馆以科学的态度，力求系统生动地向观众介绍有关恐龙的各种知识，并利

用自身得天独厚的优势，向观众真实地再现恐龙化石群的原始埋藏状况。它为人们开启一扇通往远古、认识过去、了解恐龙的窗口，是一座科学的殿堂、知识的宝库。

1851 年，欧文在禽龙模型体内举办别开生面的庆祝晚宴

根据曼特尔的发现复原的禽龙塑像

14

景象壮观的"恐龙世界"标本陈列

1.走进龙之殿堂

走进颇具创意的入口，观众可按"恐龙世界"→"恐龙遗址"→"中央大厅"→"恐龙时代的动植物厅"→"珍品厅"→"恐龙再现"这样一个顺序参观，既能了解恐龙的有关知识，同时又着重将化石埋藏现场突出展现在观众面前，充分体现了专业博物馆与遗址博物馆的双重特色。

其中的"恐龙世界"标本陈列，共展

出了近二十具大小不等的自贡恐龙化石标本。它们以不同的复原装架姿态，或分门别类，或按其生活关系组合陈列在一起，构成了一组组生动有趣的画面。在这个栩栩如生的"恐龙世界"，可以直观地了解到这些动物的不同生活习性和它们各自占据的生态领域，强烈地感受到恐龙时代鲜活的生活气息。

（1）生死时速

这是距今 1.6 亿年前侏罗纪的一天，一条体长 4 米多的肉食性恐龙正潜伏在一片茂密森林的边缘，伺机捕捉猎物。不一会，一条体态轻盈的小型鸟脚类恐龙缓步走来，当它快要接近那条等待多时的肉食性恐龙时，似乎感觉到了附近藏匿的敌害，即停下来细细观察。见此情景，肉食性恐龙迫不急待地一跃而起，扑向猎物；机敏的小型鸟脚类恐龙迅速转身，撒腿便跑。于是，上演了一场"生死时速"——比速度、拼耐力的较量。

可以想像，小型鸟脚类恐龙成功逃脱将赢得宝贵的生命，否则它将成为肉

"生死时速"陈列实景

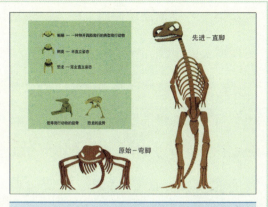

先进－直脚

原始－弯脚

食性恐龙的口中美食。小型鸟脚类恐龙和肉食性恐龙的化石在大山铺恐龙化石群中被发现后，分别命名为了"劳氏灵龙"和"建设气龙"。

　　尽管恐龙的骨骼结构特点是属于爬行动物类的，但其运动姿态却与其它爬行动物（包括现生的）有明显区别——恐龙类动物腿呈柱状，是直立行走而不是匍匐爬行的。所以我们说恐龙是独特的爬行动物。直立行走是陆生动物的高级运动姿势，恐龙正是得益于这样的运动方式，才在"群龙争霸"的中生代表现出"王者"的风范，确立了霸主的地位。因为直立行走可使运动更加灵活、快捷，并有助于促进呼吸、循环等系统功能的改善。

　　其中，馆内展出的劳氏灵龙就是一种善于用后肢快跑并生活于灌木林间的鸟脚类恐龙，其化石标本是目前世界上已知最完整的同类化石记录。为纪念该地区第一位恐龙化石的发现者——美国地质学家劳德伯克，研究者便给它取了

完整的劳氏灵龙埋藏状态

带你走进博物馆

此名。

建设气龙是兽脚类恐龙中较原始的一类，因产地盛产天然气，该具标本又是在基建过程中发现的，故名。

（2）相伴而行

恐龙给人的第一印象是个体很大。这组名为"相伴而行"的恐龙陈列，由三具体长分别为12米、16米和20米的大型恐龙构成。它们被放置在一片平坦湿润的草地上，步伐沉稳、结伴同行。

其中的杨氏马门溪龙也是目前唯一发现有完整头骨关联保存的个体。它的发现，为这类恐龙的头骨复原提供了确切的化石佐证。此外，在它身上，还发现有皮肤化石保存，证明了该类大型蜥脚类恐龙的皮肤表面被覆着细小的角质鳞

带你走进博物馆

"相伴而行"陈列实景

"奋起反击"陈列实景

片，而非以往认为的体表光滑无鳞。

（3）奋起反击

这是一条名为"太白华阳龙"的剑龙和一条名为"自贡四川龙"的肉食龙相互搏斗的情景。它所表现的是动物界捕食与反捕食的关系。剑龙背上长满三角形的剑板，尾梢生有两对尖利的尾刺，因此当

太白华阳龙头骨

它面对敌害攻击时，剑板和尾刺都是有效的防御和自卫武器。而肉食恐龙要想

捕食一条成年的剑龙并非易事，往往要付出血的代价，甚至两败俱伤。

太白华阳龙化石是目前世界上已知生存时代最早、保存最完整的同类化石记录。它的发现，为剑龙起源于东亚的理论提供了实证。

（4）温馨家庭

这组陈列由三具体长为12米、9米、6米的"李氏蜀龙"组成。它们被安排在一起，形成一个携妻带子、悠闲漫步的场景，恰似一个温馨的"三口之家"。

恐龙是一种俗称，它在分类上有蜥臀目和鸟臀目两大类群。分类的依据是腰带（骨盆）构造的不同，其构造似蜥蜴的属蜥臀目，似鸟的属鸟臀目。这两大类恐龙在中生代竞相发展，形成了庞大的恐龙家族，直到白垩纪末期绝灭。蜥臀目又细分为蜥脚类、兽脚类，鸟臀目又分为鸟脚类、剑龙类、甲龙类、角龙类、肿

"温馨家庭"陈列实景

头类、禽龙类等。

　　李氏蜀龙正是一类短颈型的蜥脚类恐龙。它身上具有很多原始的特征，是早侏罗世的原始蜥脚类与晚侏罗世的进步蜥脚类之间的过渡类型。

　　这类喜欢群居生活的恐龙，主要生活在植物繁茂的河湖之滨，以柔软的植物为食。特别值得一提的是，在

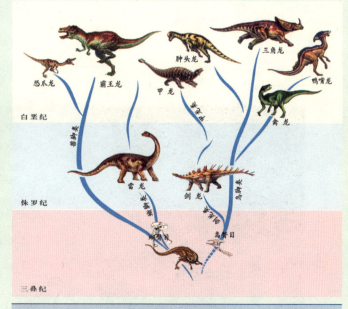

恐龙分类示意图

李氏蜀龙的尾端还长有具备自卫功能的有利武器——骨质的尾锤。这在以往的蜥脚类恐龙中是没有过的发现，从而改变了蜥脚类恐龙不具备自卫能力的传统观点。同时也为证明蜥脚类恐龙是陆生动物提供了一个证据。

世界首例蜥脚类恐龙尾锤化石（李氏蜀龙）

（5）舐犊之情

这是一大一小形同母子的两具"天府峨眉龙"。其中大的成年个体体长20

大量的脚印化石发现表明，多数这样的植食性恐龙都是群居生活的。它们出行时，大都有相当的组织性——成年

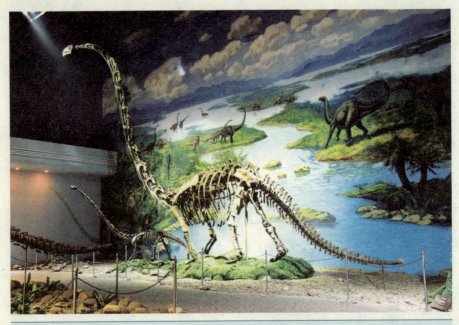

"舐犊之情"陈列实景

米，小的幼年个体体长6米。天府峨眉龙是较进步的蜥脚类恐龙，主要出没在内陆河湖及森林的边缘地带，以藻类或高大乔木的嫩枝叶为食。

个体要担负对群体的保护和警戒工作。因而这些大恐龙往往走在出行队伍的两边，夹在中间的大多是些恐龙中的"老弱病残"。这也体现了恐龙群体生活中的一

形状不同的恐龙蛋化石

种相互关爱。

（6）生命延续

恐龙的起源经历了一个漫长的演化过程。它们的祖先最早为一类只能在陆地上匍匐前进的小型食虫爬行类，后来这些小型动物又进入到水中逐渐演化出粗壮的后肢和尾巴，再复回到陆上直到完全能直立地在陆地行走，方完成了恐龙从槽齿类爬行动物中分化出来这样一个脱胎换骨的演变过程。

在如此漫长的演化过程中，繁衍子孙是动物生存的必备本能，不同动物其生殖方式也不尽相同。有化石依据表明，恐龙与其它爬行动物一样是卵生动物。这已从发现具有恐龙胚胎的蛋化石中获得证实。据推测，恐龙产卵前要选择巢地，通常选在向阳、通风干燥的高地，首

"生命延续"陈列实景

先刨一个圆坑，然后围着这个坑一圈一圈下蛋，每下完一圈蛋，就用土盖好，最后依靠阳光热量来孵化。新的一些发现表明，有的恐龙是由自己来孵蛋的。

这里展现了一具长约6米的剑龙——"四川巨棘龙"，正以半蹲的姿态向体外排卵的情景。它生动地记录了恐龙"生命延续"的行为方式。

（7）弱肉强食

在漫长的地史上的中生代时期，由于气候适宜（温暖潮湿）、食物丰富（植被繁茂），具有广泛适应能力的恐龙获得了空前的发展。它们当中有行动缓慢的庞然大物，也有快速敏捷的小不点儿；有肉食的和植食的，也有什么都吃的杂食恐龙。林林总总，千奇百态，令人叹为观止。但与此同时，恐龙之间也必然存在着残酷的食物链关系。

这组恐龙陈列表现的是一具体长9米的"和平永川龙"，正在吞食一具体长2米多的"鸿鹤盐都龙"的血腥场面。

和平永川龙具有长达1米的完整头骨化石保存，是目前亚洲已知化石骨架保存最完整、体形最大的肉食恐龙化石。鸿

"弱肉强食"陈列实景

鹤盐都龙是自贡地区最早发现的鸟脚类恐龙化石标本。

（8）生死搏斗

恐龙之所以能在漫长的中生代历史时期成为地球上的"主人"，正是它们在长期的生存竞争中获得了广泛适应能力的结果。它们时刻面临着优胜劣汰的自然选择。种群内部的竞争、种群之间的角逐，都是为了保存优良品种、延续健康后代的自然选择手段。

当肉食恐龙面对一些体型较大的植食恐龙时，往往采取围猎的方式。这样可减少猎物逃脱或伤及自己的情况。画面中的两具体长6米的"甘氏四川龙"，正

"生死搏斗"陈列实景

带你走进博物馆

将一具体长7.5米的"多棘沱江龙"围在其中，掀翻在地，进而食之。

多棘沱江龙是生活在晚侏罗世较进步的一种剑龙，其标本发现于1974年，为亚洲地区所发现的第一具该类化石。甘氏四川龙与之发现于相同的化石产地，这类肉食性恐龙主要生活在高地丛林之中，一旦发现猎物，便以迅雷般的速度冲上去……在它生活的时代，不知有多少同期生活的剑龙等植食性恐龙成为其腹中之物。

（9）灭绝之谜

综上所述，恐龙不愧是堪称中生代里最非凡的动物之一。其中的一些种类（如窄爪龙）已有较发达的脑子，其智商被认为介于今天的犰狳与袋鼠之间。因此有科学家认为，如果恐龙没有绝灭，地球上生命的进化会走上另一条道路。那

小行星撞击

生物碱中毒

气候变化

几种不同观点的恐龙绝灭示意图

26

想象的"恐人"复原像

今天统治地球的就不是由哺乳动物进化而来的人类，而是由类似一种叫窄爪龙的恐龙进化而来的具有高度智能的"恐人"。

然而物竞天择，适者生存。虽然恐龙一度是地球陆地上的主宰，但天有不测风云，"龙"有旦夕祸福。恐龙的霸主地位约在0.67亿年前彻底倾覆了，是什么原因导致恐龙遭此灭顶之灾？这始终是一个自然之谜。尽管科学家们已从渐变与突变两种不同的角度提出了种种假说，但至今仍无一种假说能够圆满地解释这一问题。恐龙的绝灭很可能是由多种原因导致的，而这些假说中的共同点——环境的改变，却为我们人类的生存提供了有益的启示。前车之覆，后车之鉴。面对当前全球日益严重的环境污染，我们人类应该幡然醒悟，再不能无动于衷了——因为只有一个地球，它是我们赖以生存的共同的家园！

2.多姿多彩的动植物

中生代气候温暖湿润，植被繁茂，恐龙获得了空前的发展，因而中生代又被称为"恐龙时代"。但在恐龙生活的时代，也并非恐龙一统天下，当恐龙逐渐在陆地上称王称霸的时候，其它别的一些爬行动物则成功的统治着当时的海洋和天空，而鱼类、两栖类、早期鸟类和哺乳类，以及大量无脊椎动物也在海、陆、空各自的生态领域里繁衍生息。一句话，生物的多样性维系着中生代的生态平衡。这无

三叠纪　　　　　侏罗纪　　　　　白垩纪

色彩斑斓的中生代地史景观

疑也启示今天的人类：要善待身边的每一个生命，构建和谐并保护好地球——我们共同的家园。

（1）恐龙时代的陆地动物

在中生代，形态各异的恐龙统治着广袤的陆地。与其分享中生代陆地生活的还有其它类型的爬行动物和两栖动物，以及昼伏夜出、非常弱小的一些原始哺乳动物。它们或与恐龙和平相处，或与恐龙相互制约，从而构成了当时绚丽多彩的动物世界和奇妙无比的陆地景观。

两栖类　两栖类动物的出现代表了脊椎动物从水生到陆生的一次重大飞跃。这类动物，起源于距今约3亿多年前的泥盆纪末期，在恐龙时代，它们虽然不如在

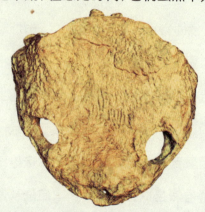

扁头中国短头鲵　产于自贡大山铺，时代为中侏罗世，属片椎目化石，仅保存头骨部分。它的发现，将该类动物的绝灭时限又向后推迟了约3千万年

石炭纪和二叠纪时期繁盛，但也有不少代表，并在当时的生态景观中占有一定地位。

成渝龟　产于自贡大山铺，时代为中侏罗世，为该时期龟类的典型代表，对探讨龟类的早期进化有重要意义

龟鳖类　龟鳖类是一种古老的爬行动物，为爬行动物中比较特化的一个分支。其形态迥异于其它爬行动物，由于其

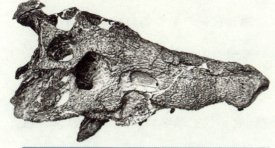

大山铺西蜀鳄　产于自贡大山铺，时代为中侏罗世，化石仅保存头骨部分

体披坚硬的甲壳，具有良好的躲避敌害的能力，因而一直延续至今。

鳄类　是与恐龙亲缘关系较近的一种古老的爬行动物，最早出现在三叠纪。它们在陆地和水中都极具攻击性，是一种非常凶猛的肉食动物。

似哺乳爬行动物　似哺乳爬行类是生存时代比恐龙更早的古老爬行动物，它们主要繁盛在二叠纪和三叠纪。今天

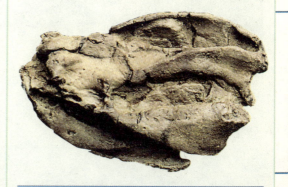

川南多齿兽　产于自贡大山铺，时代为中侏罗世，属三列齿兽类。其得名源于它的颊齿和齿冠面上有三排楔形小尖。自贡所产的三列齿兽，包括川南多齿兽和自贡似卞氏兽，为目前中侏罗世的唯一代表

带你走进博物馆

主宰陆地的哺乳动物，就是由其中的犬齿兽类进化而来。

哺乳动物　哺乳动物是脊椎动物进化过程中的高级阶段，它们在晚三叠世就已经出现。在恐龙绝灭之前，其形态没有多大变化，而且种类较少，多是昼伏夜出，非常弱小的类型。

张和兽　体长约13厘米，肉食性。其个子跟今天的小老鼠差不多，个子稍大些的也只有家猫那么大

昆虫　昆虫是一类古老的节肢动物，最早出现于泥盆纪中期，迄今已有约3.8亿年的历史。昆虫的个体虽然较小，但种类繁多，数量巨大。

北票丽箭蜓　产于辽西，时代为早白垩世

（2）恐龙时代的水生世界

当恐龙和其它爬行动物统治着中生代陆地时，在浩瀚的海洋中，在广阔的水域里，同时生存着一些巨大的水生爬行动物，它们与鱼类等其它水生动物共同分享着水中生活的乐趣。

鱼类　鱼类是我们最常见的一类动物，它不仅是最早出现的脊椎动物，而且也是恐龙伴生动物中种类和数量最多的一类脊椎动物。这类动物具有种类繁多、

大山铺鳞齿鱼 产于自贡大山铺,时代为中侏罗世,属半椎鱼目,复原后体长可达1.2米,是目前国内已知种中最大的

终身生活在水中、体温不恒定等特点。

潜龙类 潜龙是一种生活在湖泊中的水生爬行动物。它有一个较小的头、长长的脖子和尾巴,其形态与三叠纪海生的幻龙类比较相似。目前,这类独特的水生爬行动物仅发现于我国。

凌源潜龙 产于辽西,时代为早白垩世,体长多不超过1米

幻龙类 幻龙是一种营两栖生活的海生爬行动物,主要生活在海滨地带。它们的个体大小适中,具有细长的颈部和没有特化为鳍脚的四肢。

幻龙 产于贵州关岭,时代为中三叠世,体长2米,化石保存完好

鱼龙类 鱼龙类是最早适应海洋生活的爬行动物。它们具有鸟喙状的吻部,

鱼龙 产于贵州关岭,时代为中三叠世,体长5米,在中生代白垩纪末均全部灭绝

带你走进博物馆

流线型的身体，鳍状的四肢和新月形的尾巴，整个身体很像海豚，速度极快，非常适应海中生活，是恐龙时代的水中霸王。

蛇颈龙 蛇颈龙是一类异常凶猛的水生爬行动物。它们的样子特别古怪，就像一条长蛇套在一只乌龟壳里，其名称便由此而来。蛇颈龙包括长颈型和短颈型两大类，其中多数为海生，少数营淡水湖泊生活。

（3）恐龙时代的空中主人

恐龙时代陆地与水中均有各自的霸主，在一望无际的天空同样也有属于自己王国的霸主，那就是翼龙。与翼龙一同翱翔在天空的还有其它飞行动物，包括鸟类，只是鸟类在当时还寥寥无几而已。

上龙 产于自贡大山铺，时代为中侏罗世。体长3.3米，为一种非海生的短颈型蛇颈龙类。头相对较大，牙齿长大尖锐，颈部短，尾巴短，四肢呈桨状，身体流线型。这类动物生活在河流或湖泊中，以捕食鱼类为生

长头狭鼻翼龙头骨

翼龙类　翼龙是一类能飞的爬行动物，也是最早飞上天空的脊椎动物。它们在侏罗纪和白垩纪时期非常繁盛，是恐龙时代的空中霸主。

值得一提的是，有很多人误解翼龙和蛇颈龙也是属于恐龙的一个类群。实际上恐龙的国际定义是：生活在距今大约2.35-0.67亿年的，以后肢支撑身体直立行走的，已灭绝的一类陆生爬行动物。翼龙和蛇颈龙不能直立行走，因此它们并不是恐龙。

鸟类　鸟类是真正长有羽毛并能飞翔的脊椎动物，最早出现在侏罗纪晚期。新的研究表明，鸟类可能是由一类两足

长头狭鼻翼龙　产于自贡大山铺，时代为中侏罗世。因其头骨特别的长，而鼻孔也长而狭窄，故名。这具翼龙复原后体长近1米、翼展约1.6米，通常栖息于河湖岸边的山崖或树上。为我国华南地区首次发现的翼龙，也是我国目前仅见的一件早期翼龙标本

行走的兽脚类恐龙进化而来。

随着恐龙研究的深入，20世纪70年代以来，一些科学家提出了恐龙是恒温动物的观点，一反过去认为恐龙与其它

爬行动物一样是变温动物的传统观点，并且认为鸟类是它们的后裔。他们通过对哺乳动物、恐龙和现代蜥蜴骨组织中

圣贤孔子鸟　产于辽西，时代为早白垩世，这是唯一可与产自德国索伦霍芬的始祖鸟相比较的具有许多原始特征的鸟类化石。被公认为最早的具有角质喙的古鸟类

孔子鸟复原图

"哈佛氏管"的比较，以及这三大类动物中捕猎者与被捕猎者之间的比例关系的比较，论证恐龙，至少相当部分恐龙不是变温动物而是恒温动物。进而又对两足行走的小型恐龙、始祖鸟和现代鸡的骨骼解剖比较，提出了鸟类起源于恐龙的

带你走进博物馆

观点。这一观点在20世纪末、本世纪初，因我国辽西大量"带毛恐龙"的发现而得到进一步确认，并为恐龙的其它生存进化上的研究起到了很好的推动作用。

（4）恐龙时代的植物王国

中生代时期，地球气候温暖潮湿，植被繁茂，高大挺拔的松柏、银杏，粗壮结实的苏铁，婀娜多姿的桫椤，以及低矮茂盛的木贼、真蕨等共同组成了恐龙时代郁郁葱葱、生机盎然的植物世界。

苔藓植物　苔藓植物是一种绿色、柔弱、矮小的草质植物，通常高不过10厘米，最高的也不过几十厘米。其特征是无花、无种子，以孢子繁殖，一般生长在阴暗潮湿的地方。

蕨类植物　蕨类植物与苔藓植物一样无花、无种子，以孢子繁殖，但比苔藓植物更为高等。通常为中型或大型草本，包括石松类、真蕨类和木贼类等。现代残存的高大树蕨（桫椤）是一种特殊的蕨类植物。

在自贡这方神奇的土地上也发现有被称作"活化石"的桫椤树，这些古老的孑遗植物被保存在自贡荣县"金花桫椤自然保护区"。在此方圆10平方公里的保护区内，有经侵蚀形成的多处悬崖峭壁和深沟峡谷，高差达50米左右。其间长年流水不断，灌木杂草丛生，形成了阴湿的生态环境。由于风化作用形成的残坡积物，富含腐殖质，偏酸性的土壤具有肥沃、疏松、保水性能强的特点，加之温度和日照适当，十分有利其生长。因而在此区间的桫椤茁壮繁茂，多达16000株，其中最高的有4米，枝长达3米，覆盖面直径达4米以上，最密集处，在60平方米的范围内就有30株之多。置身其间，仿

佛可窥见远古恐龙觅食当中，两栖龟缩身树丛，翼龙尖叫着掠过树梢……洪荒的史前物象真使人易生幻象——当时这方土地该是怎样一派风光？

　　桫椤亦称树蕨，有3亿多年的生存历史。在恐龙生活的时代，这类植物分布广泛，种群众多，是植食性恐龙的主要食物之一。但因耐旱能力差，也不抗寒，生长条件苛刻。后随地质变迁，这类植物大多绝迹。

　　桫椤化石在波兰、印度及朝鲜的侏罗系地层中发现过，但现存的种类限于热带、亚热带的局部地区，我国则分布在华南、西南的少数地区。全世界现存4属60种，我国有2属近20个种。

　　为营造恐龙时代植物生态环境，1999年岁末，自贡恐龙博物馆又在该馆化石埋藏厅外侧成功移植了30多棵大小不等的桫椤树。在此特殊的环境里，已成化石的恐龙和当年随处可见的"朋友"久别重逢，只是它们已不能再引颈张口，和至今仍健康存活的老朋友"交流"了。

　　裸子植物　　裸子植物有显著的茎或干，能开花结果，以种子繁殖，但种子裸露，没有包被，通常为乔木或灌木，包括苏铁、银杏、松柏等。

　　被子植物　　被子植物是经过亿万年的演化后达到的最高阶段，是与人类生活息息相关的植物类群。但对它的起源、

秀色可餐的桫椤树

最早出现的时间和地点等，都还没有确切的答案。中生代是被子植物起源和早期演化的关键时期。现已发现的一些被子植物化石，为解开这些谜底提供了很好的线索。

硅化木，亦称木化石。常见被子植物化石的一种，一般是植物次生木质部组织被二氧化硅（SiO_2）所置换而成。我国中生代陆相地层中木化石很多，主要是松柏类的硅化木，如炬木、异木等；新生代的则以被子植物为主。

硅化木化石是自贡地区重要的"古生物奇观"之一，尤以1983年发现于自贡凉高山采石场的两株大型硅化木保存最为完整。这两株大型硅化木

银杏　在自贡恐龙博物馆主馆一侧，移植有一株树龄约2000年左右的"秦汉古杏"

埋藏在距今1.6亿年前的中侏罗系地层中，与邻近的大山铺恐龙动物化石群时代相当，属两株异地埋藏的大型乔木化

带你走进博物馆

硅化木奇观

石（银杏和松杉类）。大的一株长23.3米，最大直径1.3米，并保存10个较大的分枝，可能为银杏类；小的一株长13米，最大直径1.08米，可能属于松杉类。它们的发现证明了在恐龙生活的洪荒时代，裸子植物确实很繁茂，为中生代植食性恐龙的大发展提供了尤为充裕的食物条件。迄今为止，在自贡地区已发现的硅化木产地多达20余处。这些硅化木的发现，为研究该地区的古地理、古气候及地壳运动，了解自贡恐龙的食物链等均有重要作用。

三、与恐龙同乐

为体现"以人为本"的现代博物馆理念，满足不同层次的观众要求，自贡恐龙博物馆的陈列展出中，还设置了一些可供观众参与的互动性娱乐项目。

影像合成　这是一种高科技的互动娱乐项目。观众在模拟的中生代环境中即兴表演，与龙共舞，从而达到人、景、物和谐统一，使参与者置身于虚幻的恐龙世界，收获美妙感觉，享受开心乐趣。同时，参与者精彩的表演将刻录成VCD或打印出照片留作纪念。

恐龙拓片　观众只需将纸轻轻地覆盖在刻有恐龙造型的图案上，用铅笔或蜡笔在纸上均匀的涂抹，要不了几分钟，一具具栩栩如生的恐龙生态形象，便由模糊至清晰的呈现出来。

影像合成

恐龙拓片

带你走进博物馆

自贡恐龙博物馆

触摸化石

触摸化石　这里摆放的恐龙化石有1.6亿年的历史。为消除对恐龙化石的神秘感，观众可伸手触摸这些化石，亲身体味一番，也沾沾"龙气"，祈福吉祥。

投币恐龙下蛋

投币恐龙下蛋　参与者只需投下一枚硬币，眼前的恐龙便会立即活动起来，

与恐龙比高矮

与恐龙比高矮　恐龙是古今陆生动物中体形最大的一类。目前已知世界上所发现最大的超龙，其体长超过35米，它的前肢有多高？亲自和它比一比就知道了！

并生下一枚恐龙蛋留给参与者做纪念。

恐龙化石修复

恐龙化石修复　观众在化石修复现场可观看专业人员修复化石，也可试着动手参与修复。

恐龙骨架安装

恐龙骨架安装　恐龙的骨架由头骨、脊椎、躯干、四肢等部分组成。观众可以动手对恐龙骨架进行拆卸组装，了解其中骨骼的组成情况和安装过程。

恐龙模型翻制　恐龙的形态多种多样，观众可根据自己的喜好选择微缩恐龙的模型，动手进行复制，并将成品带走留做纪念。

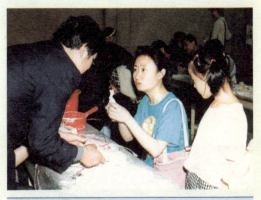

恐龙模型翻制

恐龙巡回展览　自贡恐龙博物馆常年坚持开展送恐龙展览下乡镇、进社区、到学校，开展形式多样的外出科普教育活动。

带你走进博物馆

中外知名恐龙博物馆

二连恐龙博物馆

内蒙古自治区是我国重要的恐龙化石产区。其角龙、甲龙以及似鸟龙化石的发现，曾屡次在世界上引起轰动，并成为白垩纪恐龙化石发掘与研究的热点地区。

二连恐龙博物馆地处内蒙古自治区二连市中心地段，是我国第二个以恐龙命名的专门性博物馆。该馆始建于1989年，新馆于2002年9月28日建成并对外

二连恐龙博物馆

开放。作为二连市的一大标志性建筑，其主体建筑两翼突出，中间部分呈弧状，意喻开放的内蒙古正伸开双臂拥抱世界，恭迎中外宾朋的光临。该馆建筑为三层结构，目前主要展出的是二连盐池出土的恐龙化石与哺乳动物化石。主题鲜明、重点突出，展板及文字说明均采用新型材料，使整个陈列显得华丽高档、做工精美，业已成为我国北方地区恐龙展示教育的重要基地。

禄丰恐龙博物馆

云南省禄丰县地处滇中高原，自1938年著名地质学家卞美年和中国"古脊椎动物学之父"杨钟健在禄丰盆地首次发现并研究以恐龙为代表的禄丰蜥龙动物群之后，禄丰便成为世界瞩目的恐龙化石产地，最先摘取了中国"恐龙之乡"的桂冠。

带你走进博物馆

42

禄丰恐龙博物馆恐龙陈列

据考证，禄丰恐龙生存于距今1.8亿年的中生代早侏罗世，是一类古老而原始的蜥脚类恐龙。目前在该地区已先后发现一百多个个体的恐龙化石材料，其中被鉴定记录的含24个属33个种。

禄丰恐龙博物馆于1989年兴建，1991年建成并开放，该馆"恐龙展厅"200平方米左右，陈列展出恐龙骨架。展厅中央地下有恐龙化石埋藏现场展示。禄丰县正规划投资修建一座更大型的多功能恐龙博物馆，并将每年的10月20日（当

年杨钟健教授发现禄丰龙的时间）定为"恐龙节"，组织一系列文化科普活动。

诸城恐龙博物馆

我国是盛产鸭嘴龙的大国之一，其中尤以山东所产白垩纪"棘鼻青岛龙"和"巨型山东龙"最具影响。

1964年，山东诸城首次发掘出一具长达15米的大型鸭嘴龙——巨型山东龙，并成为该类恐龙中较长一个时期以来的最大个体。1989年，在诸城市西南的吕标镇库沟村北岭又发掘到一具体长

诸城恐龙博物馆　鸭嘴龙

达16.6米的超大型鸭嘴龙，再次刷新了这类恐龙个体的世界纪录。诸城亦因此成为晓喻中外的"鸭嘴龙之乡"。

1997年7月1日建成开放的诸城市恐龙博物馆，位于诸城市区密州路西首，建筑面积5400平方米。其外形平视极似古埃及的金字塔，俯瞰又恰如八条巨龙相抱互拥，寓意腾飞之势。从主馆入口进到馆内，迎面是一幅大型的恐龙生态复原壁画，恐龙标本陈列厅主展品便是堪称世界鸭嘴龙之最的"巨型诸城龙"。周围是琳琅满目的恐龙化石、恐龙蛋化石等。尤为令人回味的是这里设计建造的"龙的传说"景窗，构思奇巧，极具情趣。

该馆还设有一个面积约800平方米的恐龙生态复原展厅，在这里观众可尽情观览亿万年前的恐龙生活，通过互动游戏享受与龙同乐的妙趣。

嘉荫神州恐龙博物馆

黑龙江省嘉荫县是我国最早发现恐龙化石并有科学记录的地方。1902年，俄罗斯古生物学家在这里发现的"黑龙江满洲龙"，被称作是"神州第一龙"。

2006年建成开放的嘉荫神州恐龙博物馆，展示了近一个世纪来，嘉荫恐龙化石省级自然保护区产出的众多白垩纪恐龙化石及同时代的动植物化石，嘉荫成为研究白垩纪晚期恐龙动物演化的一个重要地区。

嘉荫神州恐龙博物馆　满洲龙

在嘉荫神州恐龙博物馆内，陈列有2具大小悬殊的满洲龙"母子龙"，它们以互相顾盼、向前奔跑的姿态被放置在圆形玻璃展台上，情景生动，别具韵味。

美国自然历史博物馆

美国自然历史博物馆创建于1869年，地处纽约城的中央公园西侧，占地面积约7.2万平方米，馆藏标本已超过3000余万件。一个多世纪以来，这里先后产生了一批具有世界影响的学者，如古生物学家柯普、奥斯朋、马修、辛普生，鸟类学家查普曼、梅耶和人类学家米德等。

博物馆的主楼为一座综合了古罗马与文艺复兴时期建筑特色的宏伟建筑。

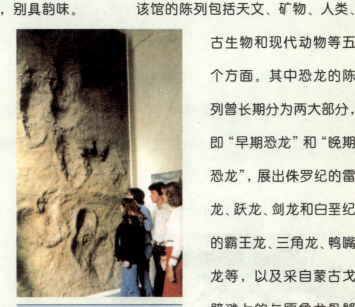

美国自然历史博物馆
恐龙脚印墙

门楣上镌刻着"知识·教育·真理·幻想"馆训。大门前屹立着罗斯福总统的戎装铜像。

该馆的陈列包括天文、矿物、人类、古生物和现代动物等五个方面。其中恐龙的陈列曾长期分为两大部分，即"早期恐龙"和"晚期恐龙"，展出侏罗纪的雷龙、跃龙、剑龙和白垩纪的霸王龙、三角龙、鸭嘴龙等，以及采自蒙古戈壁滩上的与原角龙骨骼一同保存的蛋巢化石，这是在世界上首次发现的恐龙蛋化石，有的蛋壳内还有即将孵出的胚胎！最值得称道的是一件在极为干燥的环境下形成的鸭嘴龙化石，其表皮皱缩，极像古埃及的木乃伊。它第一次为人们展现了恐龙活着时的体表形态。

该馆共陈列展出近百具恐龙化石骨架，可以说是目前世界上最大规模的恐龙化石展览。

比利时皇家自然历史博物馆

比利时皇家自然历史博物馆位于比利时首都布鲁塞尔风景秀丽的莱波吐尔公园内，以收藏大量完整的禽龙标本而著称于世。1878年在比利时的贝尔尼萨

比利时皇家自然历史博物馆
禽龙化石群

煤矿300多米深的矿坑中，发现了前所未见的大规模白垩纪恐龙化石，1883年第一具禽龙的骨架复原在馆内首次展出，成为轰动一时的稀世奇珍。正是由于这一著名的禽龙化石群的发现和复原，促使"恐龙学"研究向前大大地推进了一步，该博物馆从此获得了世界声誉。

美国犹他州国立恐龙公园

美国犹他州国立恐龙公园位于犹他州东北部与科罗拉多州的交界处，是目前世界上最大的恐龙主题公园，面积约31.8万平方米。

其化石埋藏厅系用玻璃建造的一座现代化建筑，内有一面陡峭倾斜的、镶嵌着数不清的恐龙骨骼的岩石墙，真实地展现了化石的原始埋藏状态，被称为"世界上最奇特的恐龙遗骨贮藏所"。在这里可见到侏罗纪晚期的主要恐龙种类，如

美国犹他州国立恐龙公园

巨大的梁龙、雷龙、圆顶龙，形态奇异的剑龙、凶猛的肉食龙等，以及伴生的动植物化石。

从1922年开始，人们着手筹划在此化石点修建一座野外博物馆。1958年6月，这一"恐龙墓地展厅"建成并正式开放。展厅的化石埋藏遗存可分为两个层次，下层是当年挖掘化石的深沟，深至化石层底部；上层是沿着化石剥离面上设置的一道回廊，其上配备有恐龙的分类检索图和文字说明。

犹他州国立恐龙公园不仅是美国恐龙研究的一大基地，而且业已成为北美洲一颗璀璨的旅游明珠。

加拿大阿尔伯塔省立恐龙公园

加拿大阿尔伯塔省立恐龙公园位于加拿大阿尔伯塔省西南角、布鲁克斯附近的红鹿河沿岸的荒原上，占地8万平方米。1910－1917年间，这里先后发掘出三百多具恐龙骨架，约60多种，几乎包括了白垩纪晚期巨型爬行动物已知的主要种类，由此成为世界上恐龙化石最丰富的产地之一。1955年在这里建立了恐龙公园。1980年联合国教科文组织批准它作为一处富有科学价值的遗址，列入受重点保护的《世界遗产名录》。

公园里，还有一座梯雷尔古生物博物馆。该馆占地面积11500平方米，其宗旨是：普及化石，特别是恐龙化石知识；

带你走进博物馆

保存、收藏阿尔伯塔省丰富的化石资源和发展旅游事业。这座外形设计新颖、造型别致的博物馆的一半是埋在地下的，陈列有恐龙、翼龙、鳄类骨架数十具。其中，十分完整的"阿尔伯塔龙"最具代表性，还有窄爪龙、似鸟龙、鸭嘴龙、甲龙、角龙等。馆外种植着不少曾与恐龙同时代的古老植物，如树蕨、苏铁、罗汉松以及一些寄生的有花植物等。

如今，拥有这座堪称世界一流恐龙博物馆（公园）的加拿大阿尔伯塔省专姆赫尔城已成为名副其实的恐龙圣地。"恐龙旅馆"、"恐龙道路"遍布城区，街头巷尾更是到处可见恐龙的巨大塑像，游人在这里还能买到各国出版的有关恐龙的图书和恐龙纪念品。

带你走进博物馆

加拿大阿尔伯塔省立恐龙公园独特的入口标识

探索者的足迹——自贡恐龙的发掘历程

"恐龙之乡"自贡广泛出露有史前中生代各时期的陆相地层，它们是河流与湖泊环境交替沉积的结果。过去的泥沙经过长期的地质作用，变成了泥岩和砂岩，曾经在河、湖岸边生活的动物死亡之后被埋藏在泥沙里，经过地下漫长的石化作用，也一并保留在了地层中，成为记录地球沧桑巨变的证据——化石。从这些地层中，可能找到远古时代生命的化石记录。

　　作为丰富化石资源集中陈列展示的场所，自贡恐龙博物馆拥有许多堪称世界级、国宝级的化石奇珍。它们是大自然造化神工的杰作，为我们认识恐龙的面目和复原恐龙的生活提供了难得的依据。但在这些珍贵的化石背后，又有多少鲜为人知的故事呢？

规模宏大、气势壮观的埋藏厅现场一角

一、壮观的埋藏现场

自贡恐龙博物馆是在恐龙化石埋藏现场就地修建的遗址型博物馆，最大特色便是拥有大规模的化石埋藏现场展示。

该处珍贵的恐龙化石埋藏现场，被保留在博物馆的"恐龙遗址"厅和"中央大厅"地下室内，总面积约1500多平方米，是目前世界上可供观览的最大规模的化石埋藏现场，它向世人展示了大自然鬼斧神工般的奇妙造化。在此大规模的化石埋藏现场内，到处散布着距今约1亿6千万年前（时代为中侏罗世），以恐龙为主的大量古脊椎动物化石。它们或首尾相连，排布有序；或重叠堆积，交错横陈。其数量之众多、埋藏之丰富、景象之壮观，令人叹为观止。这便是被称作"世界奇观"的自贡大山铺"恐龙群窟"！

壮观的埋藏现场正是规模宏大的大山铺"恐龙公墓"的缩影，也是其建馆的依托和该馆整个基本陈列最富吸引力的部分。此处古生物化石遗址已被列入联合国《世界地质遗址预选名录》，有望成为"世界遗产"而进一步受到全人类的关爱和保护。一位外国专家指出："此地提供的材料，足以使人们思索多年，对出现这种情况的成因的理论探索，其意义是无法估量的。"

1. 发现之初

自贡位于四川盆地南部，是一座古老而秀美的城市。在其幅员4377平方公里的范围内，广泛分布着史前中生代侏罗纪（距今约1.95—1.37亿年）的陆相地层，其间蕴藏着丰富的远古恐龙化石，是世界驰名的侏罗纪恐龙化石产地，享有"恐龙之乡"的盛誉。

带你走进博物馆

大山铺恐龙化石群当年精彩壮观的发掘现场

　　1979 年末，一支石油开采队伍在距自贡市东北郊约 11 公里的一个乡间小镇——大山铺，进行基建施工。伴着阵阵开山炸石的隆隆炮声，一座被大自然隐秘了约 1 亿 6 千万年之久的恐龙化石宝库骤然门户洞开，大量珍贵化石竞相暴露，由此揭开了中国乃至世界恐龙化石发掘研究史上新的绚丽多彩的一页。

化石的出露情形，恰似发现者们形容的那般壮观："就像秋收时节农民在土里挖出的红苕一样，地面上东一堆，西一堆，南一片，北一片，横七竖八，俯拾皆是"，着实令人目不暇接、惊叹不已。这一后来被称作"恐龙群窟"的化石产地，位于一处东西宽约150米、南北长约200米的小山丘下，距大山铺古街以北约500米，临内（江）乐（山）公路一侧。其海拔高度约300米，地理坐标为北纬29度24分、东经104度45分。当地人管这一带叫万年灯——虽然今天这一地名已鲜为人知，但声名赫赫的自贡大山铺恐龙，在经过长期的历史尘封之后，却是从这里破土而出，重见天日，走向世界的！

其实早在1972年自贡大山铺恐龙化石就已有发现，只是由于当时正处于"文化大革命"的动乱时期，未被重视和进行发掘。直至1979年因基建施工暴露出大规模的恐龙化石堆积层，才进一步引起了社会各界的极大关注和有关方面的高度重视。一时间，大山铺这个名不见经传的偏远乡镇专家云集、记者蜂拥，变得空前的热闹起来。新华社、《人民日报》《光明日报》《文汇报》《四川日报》等全国数十家新闻媒体，均对此发现作了宣传报道，社会反响强烈。

2．精心保护

自贡大山铺恐龙化石被大量发现后，如何有效地加以保护和科学利用，是人们十分关注的一个问题。一开始，当地政府和有关单位积极组织实施了抢救性发掘；同时，不少有识之士也意识到在抢救性发掘之后，更应当从保护的角度对这一化石点做长远考虑。于此，为恐龙化石建立专门的博物馆便提到了议事日程上。

带你走进博物馆

自贡恐龙博物馆

但若将其建在现场，那里已属石油部门征用土地，难度很大；若将化石全部取走，异地建馆，则似乎意义不大……真是矛盾重重，十分棘手，令人举棋不定。

正当有关方面为建馆选址而焦虑不已时，1982年5月20日，时任解放军副总参谋长兼国防科工委主任的张爱萍将军亲往大山铺恐龙化石发掘现场视察，并一锤定音，做出了"就地建馆、就地研究、就地陈列"的重要指示，并欣然写下了"恐龙群窟，世界奇观"的题词。这样，

1987年10月18日，张爱萍将军在自贡恐龙博物馆标本陈列厅参观时的情景

才使得我国第一座专门性的恐龙博物馆在大山铺恐龙化石埋藏现场就地兴建。自贡恐龙博物馆在大山铺恐龙化石群埋藏现场的建立，无疑对该化石点是一种最好的保护和利用。

其后，为进一步保护和开发利用自贡丰富的恐龙化石资源，1986年自贡市政府还专门委托清华大学建筑系制定了《自流井——恐龙（大山铺）风景名胜区的总体规划方案》。1990年又完成了"自贡恐龙化石及硅化木保护技术研究"科研课题。同时，为切实有利于自贡地区恐龙化石标本的收藏与保护，1989年10月，国家又拨专款在自贡恐龙博物馆园区内修建了一座在风格上与主馆建筑趋于一致的多功能的专用化石库房。从而使该地丰富的恐龙化石资源能得以规范的科学鉴藏。

带你走进博物馆

聚宝藏珍的博物馆化石库房

3．埋藏奇观

自贡大山铺恐龙化石群的地质时代为中侏罗世（绝对年龄1.6亿年），其含化石地层大致呈透镜体状，最厚的地方达5米，最薄的地方约2米，最南部边界砂岩含有少量河床砾石。已探明化石分布面积达30万平方米，其中一级化石富集区有1万多平方米，为一东西长约150米、南北宽约100米的狭长地带。自1979年至今，发掘了其中的2800平方米。仅

带你走进博物馆

此范围就清理出280多个个体的化石材料，它们涉及陆生、水生、两栖，乃至空中飞行的不同种类，尤以恐龙居多。除恐龙外，还有翼龙、蛇颈龙、鳄、两栖动物、似哺乳爬行动物及较多的龟、鱼化石等。恐龙本身的种类也不少，最多的是蜥脚类恐龙，有100多个个体的化石材料，其次是兽脚类、剑龙类和鸟脚类恐龙。不但有成年个体，还有一定数量的未成年个体，大者体长可达20米，小者只有1.4米。食性也不尽相同，既有素食性的，也有肉食性的，还有杂食性的。由此构成的丰富的古动物群，显然比单一的恐龙化石点更具科学价值。而在此之前，早、中侏罗世的恐龙化石仅零星见于北非、东亚、西欧和澳大利亚，以致在恐龙进化系列上不能很好地衔接。自贡大山铺这一埋藏丰富的中侏罗世恐龙化石群的发现，正好填补了恐龙演化史上存在的这段空白，对于消除恐龙系统研究中的"盲区"有着不可替代的重要作用。

根据现有化石分布和出土的情况，一些专家估计该地埋藏的恐龙个体数应在1000之上。但这个化石宝库中实际上究竟有多少化石及动物种类，目前尚难下定论。越来越多的中外学者和广大游人，希望将这个"恐龙公墓"彻底打开，以解心中的疑窦。

我国著名地质古生物学家何信禄教授曾指出："对于中侏罗世恐龙动物群来说，这应该是整个恐龙研究史上的一次非常重要的发现。""中侏罗世的恐龙及其伴生动物，凡是应该有的类群，在大山铺几乎都找到了。就这个意义而言，大山铺恐龙化石点是无与伦比的。"另一位著名的恐龙研究专家董枝明教授也讲："大山铺这个点，毫无疑问是世界恐龙研究者必须朝拜的地方。"

那么，是什么原因形成的这么一种恐龙群体埋藏的罕见奇观呢？据推断，在恐龙生活的时代，这里曾是发育于冲积平原上的一个湖泊的滨岸地带。这种环境适合于恐龙动物群繁衍，并利于其死后保存。

大山铺恐龙动物群生态复原一瞥

带你走进博物馆

自贡地区蜀龙动物群脊椎动物组合
Vertebrate assemblages of the *Shunosaurus*–Fauna in Zigong

纲	目	科	属	种
软骨鱼纲	鲨目	弓鲛科	弓鲛属	自贡弓鲛 *Hybodus zigongensis*
				黄泥塘弓鲛 *Hybodus huangnidanensis*
				弓鲛属（未定种）*Hybodus* sp.
硬骨鱼纲	半椎鱼目	半椎鱼科	鳞齿鱼属	大山铺鳞齿鱼 *Lepidotes dashanpuensis*
	肺鱼目	角齿鱼科	角齿鱼属	自贡角齿鱼 *Ceratodus zigongensis*
两栖纲	片椎目	短头鲵科	中国短头鲵属	扁头中国短头鲵 *Sinobrachyops placenticephalus*
爬行纲	龟鳖目	成渝龟科	成渝龟属	似贝氏成渝龟 *Chengyuchelys baenoides*
				自贡成渝龟 *Chengyuchelys zigongensis*
				大山铺成渝龟 *Chengyuchelys dashanpuensis*
				成渝龟属（未定种）*Chengyuchelys* sp.
			四川龟属	周氏四川龟 *Sichuanchelys chowi*
			成渝龟科（属种未定）	*Chengyuchelyidae* gen. et sp. indet.
	蜥鳍目	拉玛劳龙科	璧山上龙属	杨氏璧山上龙 *Bishanopliosaurus youngi*
				自贡璧山上龙 *Bishanopliosaurus zigongensis*
	鳄形目	角鳞鳄科	孙氏鳄科	蜀南孙氏鳄 *Sunosuchus shunanensis*

爬行纲	鳄形目	西蜀鳄属	西蜀鳄属	大山铺西蜀鳄 *Hsisosuchus dashanpuensis*
	翼龙目	喙嘴龙属	狭鼻翼龙属	长头狭鼻翼龙 *Angustinaripterus longicephalus*
	兽孔目	三列齿兽科	似卞氏兽属	自贡似卞氏兽属 *Bienotheroides zigongensis*
			多齿兽属	川南多齿兽 *Polistodon chuannanensis*
恐龙纲	蜥臀目	巨齿龙科	气龙属	建设气龙 *Gasosaurus constructus*
			四川龙属	自贡四川龙 *Szechuanosaurus zigongensis*
		妖龙科	原颌龙属	尖齿原颌龙 *Protognathosaurus oxyodon*
			蜀龙属	李氏蜀龙 *Shunosaurus lii*
		圆顶龙科	酋龙属	巴山酋龙 *Datousaurus bashanensis*
			大山铺龙属	董氏大山铺龙 *Dashanpusaurus dongi*
		马门溪龙科	峨眉龙属	荣县峨眉龙 *Omeisaurus junghsiensis*
				天府峨眉龙 *Omeisaurus tianfuensis*
			秀龙属	东坡秀龙 *Abrosaurus dongpoi*
			马门溪龙科(属种未定) *Mamenchisauridae gen.et.sp.indet.*	
		蜥脚次亚目（位置不定） *Sauropoda incertae sedis*		
	鸟臀目	法布劳龙科	晓龙属	大山铺晓龙 *Xiaosaurus dashanpensis*
			灵龙属	劳氏灵龙 *Agilisaurus louderbacki*
				多齿灵龙 *Agilisaurus multidens*
		剑龙科	华阳龙属	太白华阳龙 *Huayangosaurus taibaii*

带你走进博物馆

自贡地区马门溪龙动物群脊椎动物组合
Vertebrate assemblages of the *Mamenchisaurus*−Fauna in Zigong

纲	目	科	属	种
爬行纲	龟鳖目	蛇颈龟科	盐都龟属	娇小盐都龟 *Yanduchelys delicatus*
			蛇颈龟属	放射纹蛇颈龟 *Plesiochelys radiplicatus*
				自贡蛇颈龟 *Plesiochelys zigongensis*
				蛇颈龟属（未定种） *Plesiochelys* sp.
	鳄形目	未定名类群B	四川鳄属	汇东四川鳄 *Sichuanosuchus huidongensis*
		西蜀鳄科	西蜀鳄属	周氏西蜀鳄 *Hsisosuchus chowi*
恐龙纲	蜥臀目	巨齿龙科	四川龙属	甘氏四川龙 *Szechuanosaurus campi*
			永川龙属	和平永川龙 *Yangchuanosaurus hepingensis*
		圆顶龙科	大安龙属	张氏大安龙 *Daanosaurus zhangi*
		马门溪龙科	马门溪龙属	杨氏马门溪龙 *Mamenchisaurus youngi*
				合川马门溪龙 *Mamenchisaurus hochuanensis*
			峨眉龙属	釜溪峨眉龙 *Omeisaurus fuxiensis*
			自贡龙属	釜溪自贡龙 *Zigongosaurus fuxiensis*
	鸟臀目	法布劳龙科	工部龙属	拾遗工部龙 *Gongbusaurus shiyii*
		棱齿龙科	盐都龙属	鸿鹤盐都龙 *yandusaurus hongheensis*
		剑龙科	沱江龙属	多棘沱江龙 *Tuojiangosaurus multisinus*
			巨棘龙属	四川巨棘龙 *Gigantspinosaurus sichuanensis*
				巨棘龙属（未定种） *Gigantspinosaurus* sp.

4．藏珍聚宝

四川盆地是一个封闭条件良好的侏罗纪盆地。位于该盆地南部的自贡地区，侏罗纪陆相地层沉淀连续、分布广泛、普遍出露，其间的恐龙化石埋藏具有点多面广、数量巨大、埋藏集中、保存完好、易于发掘等特点。

自贡的恐龙化石主要以中、晚侏罗世时期的种类为主，约占其总数的95%以上，这表明中、晚侏罗世时期，自贡及附近地区曾相继死亡了大量的恐龙。由于这里有经河湖带来的大量泥沙堆积和丰富的有关沉积物质，以及水的搬运作用等因素，这些恐龙的遗骸便可能适时地被大量覆盖掩埋、沉积保存于这一地区不同的地理位置及不同的沉积环境中。同时，经过漫长而复杂的地质作用，其中有不少便石化，形成了封闭、凝固、嵌伏于地层岩体中的化石，成为地球历史及生物演绎的见证。

从自贡地区地质构造看，由侏罗系陆相地层所组成的褶皱（地壳岩层的原始形状，受到水平挤压力的作用形成弯曲，但没有丧失连续完整性的）构造，多为短轴低背斜和平缓向斜，且两翼大致对称，相对稳定；又由于受到地表外力，如风化、水流等破坏作用的缘故，大都渐渐成为高差不大的浅切丘陵。再加之两千万年前第三纪喜马拉雅造山运动及两百万年前第四纪初地壳运动的影响，这些原已露于地表的侏罗系地层进一步遭到强烈的剥蚀和浸蚀，大量覆盖层被揭掉，使其中富含恐龙化石的岩层普遍裸露出来，易为人发现和发掘。且因自贡地区恐龙化石的发掘研究工作开展较早、科普宣传面广等有利条件，故一旦有化石发现的蛛丝马迹，即能得到保护、报告和及时处理。

（1）"恐龙之乡"的由来——埋藏丰富的伍家坝恐龙化石点

这一化石点最早于1971年7月被发现，1974年3月又有新的化石暴露，并随即进行了有限的发掘。仅在100平方米范围内就采得化石106箱，重约10吨，其中至少包括有14具大型蜥脚类恐龙个体、两具剑龙类骨架、一具兽脚类（肉食性）恐龙骨架、少许虚骨龙骨骼和500多枚各种恐龙的牙齿化石。收获巨大，反响强烈，为中外古生物学界所瞩目。我国古生物学的奠基人杨钟健教授，以及著名恐龙学家何信禄、董枝明、周世武等都曾前往这一化石点实地察看。杨钟健教授过去曾在自贡荣县境内发现了著名的"荣县峨眉龙"，对自贡的印象深刻。通过此次自贡伍家坝恐龙化石点的现场考察，他深情地发出了"四川恐龙多，自贡是个窝"的由衷感叹。正是由于自贡伍家坝恐龙化石的大量发现，才为其赢得了"恐龙之乡"的美誉，并在20世纪70年代中国的恐龙化石发掘史上写下了最为精彩的篇章。

（2）世界首例剑龙皮肤化石——四川巨棘龙化石的发掘

伍家坝发掘现场 1974年

四川巨棘龙野外发掘现场 1985 年

　　1985年3月，在自贡市郊滩区仲权乡一采石场，发现有恐龙化石暴露并当即作了报告。之后，经过为期一个多月的艰苦发掘，获得一具保存完整的剑龙类化石骨架，后命名为四川巨棘龙。在其肩部发现有一对形似"逗号"、左右对称的巨大肩棘，进而生动证实了剑龙"肩棘"的存在和相应的着生位置。时隔4年后的1989年，又在这具剑龙的肩区部位，发现了罕见的剑龙皮肤（印模）化石。这不

带你走进博物馆

仅在我国尚属首次，也是剑龙类皮肤化石的世界第一例。

此例被发现的剑龙皮肤化石面积约400平方厘米，其表面由网状分布或呈覆瓦状排列的六角形角质鳞构成，与现生蜥蜴和蛇等爬行动物的皮肤近似。由于保存条件的限制，古生物的骨骼、牙齿等硬体部分较易形成化石保存下来，而动物的肌肉、皮肤、足迹等则极难形成化石，更难与骨骼关联保存。所以这些化石堪称化石中的珍品。保存在地层中的恐龙的干尸、皮肤、足迹和粪便等化石，是科学家们探索恐龙生活奥秘的最为珍贵的实物资料。这件世界首例剑龙

世界首例剑龙皮肤化石 四川巨棘龙

皮肤化石弥足珍贵。

它的发现为认识恐龙皮肤的表层结构，推断其皮下软组织的厚度，栩栩如生地复原再现这类早已绝迹的史前动物提供了可靠的化石依据。

（3）侏罗纪的霸王——和平永川龙化石的发掘

1986年5月在位于自贡市郊的和平乡，自贡恐龙博物馆的专业人员成功发掘出一只十分完整的肉食性恐龙骨架。它保存在一片厚约5米的紫红色砂岩的下部，时代为晚侏罗世。其头十分发育，长有1米，颌骨带有完美的牙齿，脊椎、四肢等也关联在一起，并保留了死时昂首翘尾的侧

卧姿势，埋藏壮观、景象生动、气势不凡。后经研究将它命名为"和平永川龙"，并出版了研究专著《四川自贡—完整的肉食龙——和平永川龙》。

和平永川龙发掘现场 1986 年

这具侏罗纪的"霸王"，复原后体长9米，头部硕大，口裂甚深，尖牙利爪，肢体强壮，是目前亚洲发现最大最完整的肉食性恐龙。

（4）意义非凡的头骨——杨氏马门溪龙化石的发掘

1989年元月，有报告称在自贡市新民乡一处采石场发现恐龙化石。后经现场察看证实，这是一具蜥脚类恐龙的化石，并随即组织发掘。由于含化石层距地表较近，没过几天时间，便成功发掘出一具保存完整并带有完整头骨、体长约16米的蜥脚类恐龙。为纪念马门溪龙属的建立者、我国古生物学的奠基人杨钟健教授，命名其为"杨氏马门溪龙"，并出版了研究专著《第一具保存完整头骨的马门溪龙——杨氏马门溪龙》。

带你走进博物馆

这具形似长颈鹿的侏罗纪大恐龙发现有完整头骨关联保存。在此之前所发现的所有马门溪龙化石中，都没有保存头骨材料。最初的研究者杨钟健教授，因国内缺乏可比的材料，只好将当时发现的"合川马门溪龙"与国外找到的一些大型蜥脚类恐龙对比，并根据它的骨骼特征近似美国的梁龙的特点，给它复原配上

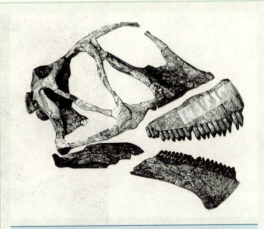

杨氏马门溪龙头骨

了一个具有棒状牙齿的、低而平的梁龙式的头骨。但到目前为止，在四川盆地还没有发现一枚棒状的恐龙牙齿，所有蜥脚类的牙齿都是勺状的，故学术界对马门溪龙具有一

杨氏马门溪龙发掘现场　1989 年

个什么样的头，一直存有争议。"杨氏马门溪龙"头骨的发现证明：这类恐龙具有高而窄的小头，头上有一对很大的、侧位的外鼻孔，勺状的牙齿长满了上、下颌骨的边缘，与美国发现的圆顶龙的头相似，而不是与梁龙的头相似。

另在修理这具恐龙骨骼化石时，还意外发现了它的一块皮肤印模化石。这也是自贡地区继发现世界首例剑龙皮肤化石之后的又一重大发现。

（5）自贡之最大个体——汇东新区肉食性恐龙化石

1995年12月的最后一天，在自贡汇东新区"园苑丁"建筑工程施工，偶然发现几节恐龙尾椎化石。自贡恐龙博物馆接报后，迅速组织了抢救性发掘，经过十余天紧张工作，最终获得一具完整的大型蜥脚类恐龙骨架。

汇东马门溪龙发掘现场　1996年

这具大型蜥脚类恐龙埋藏在距今1.4亿年前晚侏罗世的紫红色泥岩中。其颈椎和尾椎卷曲，大致呈"8"字形。骨骼化石集中分布在约15平方米范围内，背

带你走进博物馆

椎、荐椎全部保存，颈椎、尾椎也近于完整，并全部关联在一起。共找到该具恐龙的骨骼化石170余块，其个体完整程度达85%以上。且在化石埋藏现场，还发现有10多枚肉食性恐龙的牙齿化石。专家推测，这具恐龙极有可能是被肉食性恐龙咬死的，或表明某些肉食性恐龙具有腐食性特点。

这具恐龙复原后体长有21米，站立时头抬高距地面可达10余米，是自贡地区目前发现的最大恐龙个体化石。它的发现对进一步了解蜥脚类骨骼解剖特征和进行分类学研究有着十分重要的意义。

（6）另一个罕见的化石群——复兴乡恐龙化石点

早在1987年就有报告说复兴乡发现恐龙化石。1995年2月，再次接到报告的自贡恐龙博物馆派专业人员前往实地

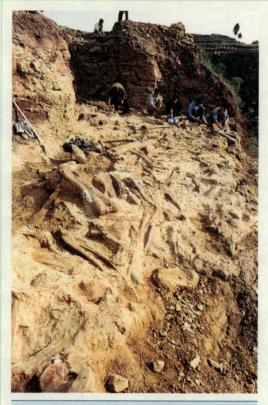

荣县复兴乡发掘现场　1999年

察看，并随即在该地发现多处恐龙化石露头。在经过为期一周的考察发掘后，初步认定这是一个与著名的自贡"大山铺恐龙化石群"层位相当的中侏罗世恐龙化石群。

1999年，自贡恐龙博物馆组织精干的发掘队伍，并在当地政府的大力支持协助下，对这一化石点进行了为期一个月的持续发掘。在所开挖的近70平方米范围内，就已暴露出近10个恐龙个体的200多块骨骼化石。这些化石绝大多数呈散乱堆积，且不少有自然破损，专家依据此现象并结合当地的沉积环境分析，认为该恐龙化石群为异地埋藏类型，是恐龙大量死亡后，经水流搬运集中埋藏于此而形成的。同时，经过野外调查，还发现复兴乡青龙山一带，以及邻近的方丘湾、胖泥冲一线三座山丘，大约1平方公里范围内的砂岩陡壁上，随处可见恐龙化石露头，面积之大，实属罕见。

（7）奇特的新发现——"龙山"恐龙化石

为验证"大山铺恐龙化石群"埋藏范围的"物探"成果，并配合自贡恐龙博物馆附属"地质遗迹陈列馆"的建设，2006年在自贡恐龙博物馆园内的"龙山"山顶一端，开挖了一片100余平方米的含恐龙化石层，并从中成功发掘到了一具相当完整、体长超过20米的大型蜥脚类恐龙和一具略小些的蜥脚类恐龙的肢骨，以及部分鳄类、龟类、鱼类与肉食性恐龙的牙齿化石。特别值得一提的是，在此发掘

恐龙馆园区新发掘现场　2006年

疑似恐龙"粪便"化石

现场内还发现有大量的疑似恐龙"粪便"化石。尽管目前对此粪便化石还有争议，但不论怎样，这一大堆可疑物却是与此处恐龙化石联系保存在一起的。且其中的恐龙骨骼化石保存，也同样有别于以往的发现——化石外表均包被有一层厚厚的石化物！相信，随着即将在此兴建的"恐龙地质遗迹陈列馆"工程的启动和对这些化石的切片处理，以及其它相关研究工作的成果取得，有关这里隐秘的众多化石怪异之谜，都将一一水落石出，显出它的庐山真面目。

二、馆藏化石奇葩

自贡恐龙博物馆是世界上收藏侏罗纪恐龙化石最丰富的博物馆。这里不仅有着丰富的恐龙骨骼化石埋藏，也保留有诸如恐龙皮肤、足迹一类恐龙遗迹化石，以及与恐龙同时代的翼龙、蛇颈龙和龟、鱼、鳄等古脊椎动物化石，还有一些植物化石和孑遗植物保存。它们无不以其非凡的经历、特有的魅力，为神奇的自贡恐龙更添一分诱人的光彩。

龟类化石

自贡地区恐龙化石点地层分布状态表

时代和层位		化石点数量	化石点百分比	备注
晚侏罗世	蓬莱镇组	–	73.3%	
	逐宁组	–		
	上沙溪庙组	96		伍家坝恐龙化石群
中侏罗世	下沙溪庙组	22	20.6%	大山铺恐龙化石群 复兴青龙山恐龙化石群
	新田沟组	5		
早侏罗世	自流井组	8	6.1%	
	珍珠冲组	–		

巴山酋龙头骨

永川龙头骨

李氏蜀龙头骨

带你走进博物馆

带你走进博物馆

盐都龙化石

贵州龙化石

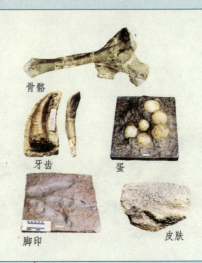

骨骼

牙齿　　　蛋

脚印　　　皮肤

各种各样的恐龙化石

未来的世界名城——魅力无限的恐龙之乡

　　依山傍水、风景宜人的自贡市不仅以"恐龙之乡"的美称享誉中外，还因其独特丰富的自然资源和文化内涵被确定为国家历史文化名城和优秀旅游城市。

　　"千年盐都"、"南国灯城"闻名遐迩。自贡犹如天府之国的一颗璀璨明珠，散发着耀眼的光芒。这块曾被称为"富庶甲于蜀中"的精华之地风光如画、景色秀美、气象万千。盐井留胜迹，恐龙出奇观。大自然的赐与同人类的创造交相辉映，古代文化与现代文明珠联璧合。这里既有自然天成的名胜之地，又有人为创造的游赏之所，吸引着众多国内外观光客，自贡正在成为人们心目中的世界名城。

自贡市与临近的旅游区方位示意图

1．自贡市盐业历史博物馆

位于自贡市中心区龙凤山下的自贡市盐业历史博物馆，它的建筑是被誉为"盐都第一胜景"的"西秦会馆"。始建于乾隆元年（1736年），建成于乾隆十七年（1752年），历时十六载，是陕籍商人来自贡经营盐业致富后集资兴建的一座"同乡会馆"。它占地3000多平方米，在布局上采用了我国建筑艺术的传统方法，因地制宜、合理安排，左右对称、内外呼应，密中见疏、错落有致，颇有"五步一楼、十步一阁、廊腰缦回、檐牙高啄、各抱地势、勾心斗角"的所谓"阿房风格"。

1959年根据邓小平同志的倡议，在此西秦会馆内创建了自贡市盐业历史博物馆。郭沫若题写了馆名。

自贡市盐业历史博物馆主要收藏、

自贡市盐业历史博物馆

陈列、研究以自贡为代表的中国井盐历史文物和实物资料，是一座特色鲜明的科技史博物馆。该馆的"井盐生产技术发展史"陈列了从钻井、采卤、天然气开采、制盐等方面的实物、图片和技术资料，生动形象地展现了井盐生产技术的演进和

带你走进博物馆

世界第一口超千米深井——燊海井

发展，突出表现了以深井钻凿技术为中心的古代井盐生产工艺，体现了中国劳动人民的伟大智慧和创造才能，弘扬了中华民族的优秀文化传统。

1980年联合国教科文组织《博物馆》杂志曾专题对该馆作了介绍；在国际博物馆协会第十三届大会上，该馆还被列举为中国有代表性的专业性的七个博物馆之一。《中国名胜辞典》、《中国大百科全书》、《中国博物馆指南》等辞书均将该馆列入其中。

自贡盐场天车群

2.中国彩灯博物馆

中国彩灯博物馆创建于1990年，地处自贡市中心的彩灯公园内，建筑面积6300多平方米，是我国唯一的一座集收藏、研究和展示于一体的彩灯专门性博物馆。

该馆的建筑雄伟奇特，突出了"灯"的主题。无论从哪个角度看，这座乳白色的博物馆大楼都如同形态各异的宫灯群，极具"横看成岭侧成峰，远近高低各不同"的诗情画意。其乳白色的墙面恰似巨型灯笼射出的光亮，而那巨型灯笼壁上的一个个圆形、菱形宫灯造型则成了一个个大小不等的窗口。入夜，这一组组灯笼一并闪亮，将整座博物馆大楼辉映得流光溢彩、美轮美奂。

该馆共有8个展厅，分别展示了中

中国彩灯博物馆

国彩灯文化发展史、自贡彩灯精品、中国彩灯风情、海外送展灯，以及与灯文化相关的旅游娱乐设施。

进入序厅，地下有"小桥流水"及十分别致的两组小型彩色喷泉，跳珠溅玉，趣味浓郁。正面墙上是一名曰《华夏灯韵》的黄铜浮雕；右壁上则为不锈钢浮雕《盛唐观灯图》，反映了盛唐时期每年正月十四、十五、十六在京城长安城安富门外作灯轮高二十丈、燃五万盏灯，满城皆见的壮景。

在灯史厅，展出了从旧石器至民国年间彩灯文化的发展史；展出了国内著名城市的风情彩灯，以及海外送展的灯组。其中国内部分的灯品，有哈尔滨的冰灯、温州的珠珠灯、上海大观园的"红楼梦"灯组、杭州的观音莲花灯、浙江硖石的六幅七级镇海塔灯，以及北京、铜梁、桐乡、苏州、南京、佛山等地的特色彩灯。

"南国灯城"的代表性杰作：用几万件碗、盘、碟、杯、勺、缸等瓷器捆扎的"龙凤呈祥"及用30余万精蚕茧粘制而成的"龙飞凤舞"，更是鳞光辉耀，风彩卓著。

中国彩灯博物馆使中华民族上下五千年的灯文化在这里集中展现，大放光彩，成为博物馆界独树一帜的又一奇葩。

3. 荣县大佛

荣县是我国有名的文化古城、"诗书之乡"。古时曾是黄帝和嫘祖的爱子青阳玄嚣的封地。南宋著名的诗人陆游在此当过七十天州官，写下了不少瑰丽的诗篇。当代革命老人吴玉章，年轻时在家乡领导了震惊中外的反清荣县起义。

荣县城东南郊的东山，苍崖翠壁，林木环绕；山下绿野平涛，旭水南流，碧波

荣县大佛

荡漾，风景如画。开凿于宋神宗元丰八年（1085年）的荣县大佛就坐落在这里。它坐南向北，依崖而刻，上齐山顶，下至山腰，通高36.67米，头长8.76米，肩宽12.67米，脚宽3.5米。其高度仅次于乐山大佛，为蜀中第二大佛，也是全国的大

佛之一。此佛为如来佛坐像（乐山大佛为弥勒佛），头盘螺髻，足踏莲花，面形方长，大耳、高鼻、方口、厚唇，形态衣饰精雕细刻，体魄气度雄伟端庄，慈祥敦厚；其造型胜过乐山大佛，是我国历史上一件十分宝贵的艺术遗产。

4. 富顺文庙

富顺距自贡市区37公里，自古是蜀中的"首富之县"，有名的"才子之乡"，历史上出了不少秀才、举人。清末"戊戌变法六君子"之一的刘光弟就出生在这里。

富顺文庙建于富顺县城内，临街一道红墙壁立，上书"数仞宫墙"几个金黄大字，十分醒目。全庙共占地6300多平方米，建筑面积3000多平方米。其规模之大，为各地孔庙所罕见。它的主体建筑"大成殿"，殿高35米，东西宽30.30米，南北进深21.30米。共有50根圆形大柱，最大的8根位于大殿中心，直径皆为70厘米，其余都在54厘米以上，为明清时期典型的斗拱结构。整个建筑画栋飞檐，脊龙昂首，精巧华美，跃然欲飞，琉璃金碧，映日生辉，壮丽凝重，古色古香。

大成殿后，是富顺八景之一的"泮宫丹桂"。明正统年间，知县李真作有赋景诗一首："丹桂婆娑泮水寻，枝头花缀万黄金。影随霁月侵阶冷，香逐高飙入座深。自是灵根分兔窟，还将秀气萃儒林。"

富顺文庙

带你走进博物馆

诸生准拟齐高折，肯负当年劝学心"。再往后是"崇圣殿"。该殿后面左右有"龙池"、"凤穴"。意喻这里是藏龙栖凤之地。龙池经年不枯，泉水甘洌；壁间"龙池"、"凤穴"为乾隆年间所刻，笔力遒劲，近代罕见。

绕过"崇圣殿"，后面便是孔子的"寝宫"。瓦屋三楹，地处全庙的最高点，宫内正中供奉着至圣先师孔子的全身碑刻阴文坐像。据史书载，该像为唐代大画家吴道子所画，南宋绍兴十五年（1145年）秋八月余杭成均石刻，刀法苍劲，人物传神。

5．服务指南及其它

自贡恐龙博物馆自1987年建成开放以来，一直实行全年开放制，无休馆日。

开放时间：北京时间8：30至17：30

联系电话：0813—5801235、5801234

邮政编码：643013

网　　址：www.zdm.cn

电子邮箱：office@zdm.cn

川南旅游黄金线

"自贡恐龙——蜀南竹海"，是四川省重点建设的四条世界级旅游线之一。作为该旅游线的核心组成部分自贡恐龙博物馆，交通便利，它位于成都、乐山、宜宾、重庆之间，有"成昆铁路"支线——"内宜铁路"由此通过，有"成渝高速公路"支线——"内宜高速公路"穿行其间，并为自贡主要交通干道之一的"北环路"之一端，从成都、重庆仅需约2小时便可到达自贡。

自贡恐龙、蜀南竹海、兴文石海、西

带你走进博物馆

80

部大峡谷温泉四处景区，在资源与品牌上都很有优势，且处在一条旅游线上，并极具生态、探奇、休闲等特色。

蜀南竹海　蜀南竹海风景名胜区位于四川南部宜宾市境内，方圆120平方公里，中心景区44平方公里，共8大景区2大序景区134处景点，生长着楠竹、水竹、人面竹、琴丝竹等乡土竹子58种，引种了巨龙竹、黄金间碧玉竹等竹子300多种，共有竹子427种、7万余亩，植被覆盖率达87%，为我国空气负离子含量极

蜀南竹海——翡翠长廊

高的天然大氧吧。

景区建筑个性化、设施数字化、服务人性化。景区内有多家二、三星级宾馆；竹根水、竹荪、竹笋、竹海腊肉、竹海豆花、竹全席等特色餐饮会令游客大饱口福；竹簧、竹雕、竹编等竹工艺品琳琅满目；游客还可在热闹的婚俗表演中领略川南特有的民风民俗，在月光下的竹海深处聆听琴蛙弹唱。

蜀南竹海于1988年被批准为"中国国家风景名胜区"，1991年评选为"中国旅游胜地四十佳"、1999年公布为"中国生物圈保护区"、2001年批准为"国家首批AAAA级旅游区"、2003年12月已正式通过世界"绿色环球21"认证。

兴文石海　兴文石海世界地质公园属中国国家重点风景名胜区、中国国家级AAAA级旅游区，位于四川省宜宾市

带你走进博物馆

兴文县，毗邻蜀南竹海、自贡恐龙博物馆，属四川盆地与云贵高原的过渡地带。公园内石灰岩广泛分布，特殊的地理位置、地质构造环境和气候环境条件形成了兴文式喀斯特地貌，是国内发现和研究天坑最早的地方，也是研究中国西南地区喀斯特地貌的典型地区之一。

公园内保存了距今4.9—2.5亿年各时代的碳酸盐地层，地层中含有极其丰富的海相古生物化石和沉积相标志。公园内各类地质遗迹丰富，自然景观多样、优美，历史文化底蕴丰厚。洞穴纵横交错，天坑星罗棋布，石林形态多姿，峡谷雄伟壮观，瀑布灵秀飘逸，湖泊碧波荡漾。各类地质遗迹与独特的僰人历史文化和丰富多彩的苗族文化共同构成了一幅完美的自然山水画卷。

兴文石海——夫妻峰

西部大峡谷温泉

西部大峡谷温泉地处云南省北大门水富县金沙江畔，距万里长江第一城宜宾市32公里。大峡谷是一个"山青"、"峡险"、"水急"的金沙江河谷。经国家级专家鉴定，水温82℃，水压高，流量大，日涌水量达8000余立方米，富含有益人体健康的偏硅酸、硫、锶、锂、溴、硒、氡、铜、锶等矿物质，系高热优质温泉。大峡谷温泉生态园1000余亩，白然露天温泉区占地500余亩，可同时容纳5000人以上沐浴，是亚洲最大的露天温泉。

　　园内配套设施有：1000个泊位的停车场、可容纳1000余人同时就餐的餐饮厅、可容纳500余人的会议中心、装修考究富丽典雅的140多间贵宾房情侣池和独具民族特色的35幢东巴别墅及可容纳上千人玩乐的民族广场和景观大道，园内绿化空间占80%以上。另外配有大型海浪池、休闲沙滩、滑草场、篮球场、网球场等各类娱乐设施和体育设施及保健按摩、美容美发等服务场所。

　　自贡市其它旅游胜景　自贡的其它

西部大峡谷温泉

景点还有：天池古寺、三多古寨、张氏贞节牌坊、双溪风景区、尖山农团风景区、高石梯森林公园、青山岭森林公园、西山公园等。

自贡的工艺品也较有特色，特别是有"小三绝"之称的"扎染"、"龚扇"、"剪纸"，备受世人青睐的自贡扎染"蜀缬"工艺源自秦汉时期，历史悠久。其作品地方特色浓郁，图案优雅怡人，融古朴厚重与华美清丽于一体。是衣着、装饰佳品。龚扇以薄如蝉翼、细如鬓发的竹丝编就。山水花鸟，跃然其上，诗词歌赋，显现其间，技艺奇巧，典雅工丽，令人爱不释手，被誉为中国工艺美术品的瑰宝。自贡剪纸，内容广泛，形式多样，兼收南北两派风格，吸取民族艺术营养，质朴丰润，隽永清新，雅俗共赏，名重中外。除此，自贡的草编、火边子牛肉、系列调味品、茶叶等，也是到自贡旅游不可不买的。

自贡市主要景点、宾馆方位示意图

梦想的延续——自贡恐龙博物馆的未来展望

中国有句俗话："山不在高，有仙则名。水不在深，有龙则灵"。

尽管龙与恐龙没有内在的联系，但因龙自古以来在国人眼中的地位和影响，故恐龙也因沾了"龙气"而倍显神奇，极具吸引力。自贡恐龙博物馆在资源开发与品牌建设上，一直处于领先的突出地位，在中国乃至世界博物馆之林均有一席之地。

八百里"恐龙之乡"奇观竞现，新时代"东方龙宫"世界闻名。自贡恐龙博物馆凭借其景区的建筑、优美的环境、一流的陈列、丰富的馆藏、成功的建设，出色地展示了史前侏罗纪恐龙的绰卓风采和我国特色博物馆的无穷魅力。

自贡市区一角

一、国人印象

党和各级政府以及社会各界对自贡恐龙博物馆的建设与发展，一直十分关心、关注，并寄予厚望。开馆至今，党和国家领导人不断前往视察参观，广大中外游人也纷纷比肩接踵而至，一睹"东方龙宫"、"恐龙群窟"之尊容与奇观，并对自贡恐龙及其博物馆的陈列展示和科普工作，印象深刻，大加赞赏。

1984年4月，全国人大常委会副委员长王任重到自贡视察大山铺恐龙化石发掘现场时，曾感慨地说："真是大开眼界，大饱眼福！"并欣然题词："研究过去，创造未来。"

中央政治局委员、国务委员兼中科院院长方毅专程视察刚竣工的自贡恐龙博物馆时说：自贡恐龙博物馆的建设不仅在自然科学界很有影响，同时也具有

自贡恐龙博物馆

1986年方毅题写的馆名

带你走进博物馆

一定的世界意义。他还亲笔为之题写了馆名和"恐龙话沧桑，盐都增新辉"的题词。

1987年中国著名古生物学家周明镇、张弥曼教授考察大山铺恐龙化石

1987年中国科学院学部委员、国际古生物学会常务理事周明镇教授，中国科学院古脊椎动物与古人类研究所所长、著名鱼类学家张弥曼教授，参观后兴奋地写下了："自贡的骄傲，中国的国宝，世界古生物学的圣地"几行赞辞。

一些观众参观后也纷纷发表观感："这是我们见到过的最好的博物馆。在这儿熟知了恐龙，我们感到荣幸。""这里的展出足以使所有中国人引以为豪。博物馆的设计、展厅的布置都好极了，我相信世界上没有一个地方像这儿把脊椎动物化石骨骼保存得如此之好。中国应在世界恐龙研究上更有作为和地位。""自贡很快就会成为举世闻名的城市，这是毫无疑问的。我印象最深的是，这里修建的恐龙博物馆作为世界三大同类博物馆之一，非常壮观，令人惊叹。"

二、走向世界

自贡恐龙博物馆十分注重自身资源开发和品牌建设。特别是面对市场经济的挑战，积极开展了一系列的"以文补文"活动，为博物馆社会功能的发挥和走产业化发展的道路做了许多有益的探索，是我国文博系统中"两个效益"都十分显著的佼佼者。

早在开馆之初的1988年，自贡恐龙就开始走出"家门"、"国门"，参与对外文化交流和文化市场竞争，开拓了以外展促内展、促科研、促发展的良性循环的中兴之路。

自贡恐龙先后出展

1989年自贡恐龙参加广岛"89海与岛博览会"，展出114天，观众达170万人次。被日本人民誉为"一亿六千万年前的友好使者"。日本媒体惊叹："自贡恐龙在广岛出尽风头！"

了珠海、上海、福州、兰州、太原、银川和香港等二十多座城市，以及日本、泰国、丹麦、南非、美国、新西兰、澳大利亚、韩国等十余个国家，足迹遍布世界五大洲。恐龙已成为具有两千年产盐历史和八百

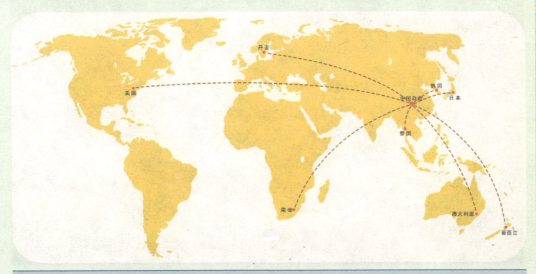

自贡恐龙"走过"的足迹——出展世界5大洲示意图

带你走进博物馆

年彩灯文化的古城自贡新的城市名片和"形象大使"。同时，也为"龙的传人"、"龙的国度"在世界上确立"恐龙大国"的地位，做出了应有的贡献。

三、美好蓝图

1.恐龙王国公园

根据已制定的长远发展规划，自贡恐龙博物馆还将进一步分期分批建设，

最终发展成为一处集科研、科普、园林、休闲和娱乐为一体的"恐龙王国公园"。

为把握机遇，"恐龙之乡"自贡加大了开放力度，加快了经济发展和产业结构调整的步伐，以崭新的形象卓立于新世纪的城市之林，向着"世界名城"的目标迈进。很重要的一个举措就是要全力发展以恐龙为特色的旅游业，并以此带动该地区第三

恐龙王国公园规划图

带你走进博物馆

产业的长足发展。核心步骤就是要启动酝酿已久的"恐龙王国公园"的建设。

自贡恐龙王国公园以现有恐龙博物馆为依托,游人在这里不仅可以了解到恐龙化石的形成、发掘、修复和研究,也可以借助现代高科技手段一睹史前世界恐龙生活之多姿多彩。它最独特的创意是让人似乘船回到恐龙时代,体验与恐龙相遇的惊险。这些精彩撼人的场景,设置于精心营造的远古丛林和滨湖环境,游人置身其间,面对消失已久呈三维、四维设计的恐龙"活体",将产生一种穿越时空、回归远古的奇妙感受。如此交互式的游历有利于启发游人的思维空间,也能利于协调人与自然的密切关系,真正起到寓教于乐的作用。

人们期盼着这一宏伟工程的早日建成,期盼着"迷失的世界"又重回到现实中来。自贡将以其举世罕见的化石奇观、独具特色的远古生态,向世人展现更加瑰丽辉煌的历史篇章!

2．恐龙地质遗迹陈列馆

2006年9月"恐龙地质遗迹陈列馆"建设项目一期工程启动,标志着以"恐龙新家"——自贡恐龙博物馆为核心和依托的自贡恐龙特色资源开发,又进入到一个新的发展时期。

该地质遗迹陈列馆,占地面积1000平方米,包括恐龙地质遗迹现场展示,恐龙标本和恐龙化石发掘、复原、装架及相关知识查询等互动参与内容的集中陈列和演示。其建筑设计,造型别致,气象壮观,预计2008年内将建成并投入使用。

届时,自贡恐龙博物馆的整体展示水平又将有一个新的提高和质的飞跃。

带你走进博物馆

带你走进博物馆

自贡恐龙博物馆即将建设的恐龙地质遗迹陈列馆设计图

结　语

自贡恐龙窝，当惊世界殊。

自贡不仅恐龙多，而且不少化石通过研究在国际学术界还具有不可替代的作用和独特地位。早在1990年，自贡恐龙博物馆便向国际地质（含化石）遗址工作组提交申请报告，要求将"大山铺恐龙化石群遗址"列入《世界地质遗址预选名录》，并获通过列入到《预选名录》的"优先一等"。由此可见，自贡恐龙，尤其是大山铺恐龙化石群，影响非凡，意义重大，堪称国之重宝、世界遗珍。

1986年著名作家孟伟哉到自贡参观后，曾以《她将是世界名城》为题撰文，并预言自贡将因此特有的"古生物奇观"而成为世界名城。

自贡恐龙博物馆自1987年建成并正式对外开放以来，建设成就斐然，事业发展蒸蒸日上，方兴未艾。同时，自贡恐龙还被作为一种"地方优势"加以利用，成为了当地外引内联、以文促经的一大"法宝"。历届自贡国际恐龙灯贸交易会和连续不断的各种以恐龙为依托的经贸会、文化周、旅游节，无不以可观的社会和经济效益，给自贡的经济发展、城市建设以极大的推动。

自贡恐龙博物馆已逐步走向成熟、走向世界，并业已成为我国和世界人民了解自然、认识恐龙的一个窗口。这也正如一位国际友人所撰写的文章那样："过去，自贡以井盐闻名于世，现在人们更神往的是这里的恐龙、硅化木……它的地下，却是一个埋藏丰富的天然博物馆，给人们打开了亿万年前五光十色的瑰丽世界之门。"

今天，作为国家的专业大馆和四川省目前仅有的2家省级重点博物馆之一，自贡恐龙博物馆正以饱满的热情、科学的规划、务实的态度、积极的工作，努力向"国内一流，世界领先"这样一个既定的目标，大踏步迈进。

亲爱的朋友，欢迎您来到自贡，走进自贡恐龙博物馆，倾听恐龙化石讲述洪荒时代的地球故事，作一次愉快的史前之旅。并从中得到一份启迪，一份欢欣，一份满足，一份隽永的记忆。

自贡恐龙博物馆外景

带你走进博物馆

插　　图：余　刚　凌　曼

封面设计：周小玮

责任印制：张道奇

责任编辑：崔　华

图书在版编目(CIP)数据

自贡恐龙博物馆／曾上游编著. － 北京：文物出版社，
2007.4
（带你走进博物馆）
ISBN 978-7-5010-2101-7

Ⅰ.自...　　Ⅱ.自...　　Ⅲ.恐龙－博物馆－自贡市
Ⅳ.Q915.864-28

中国版本图书馆 CIP 数据核字（2006）第 164553 号

自 贡 恐 龙 博 物 馆

曾上游 编著

文物出版社出版发行
（北京东直门内北小街 2 号楼）
http://www.wenwu.com
E-mail: web@wenwu.com
北京文博利奥印刷有限公司制版
文物出版社印刷厂印刷
新华书店经销
880 × 1230　1/24　印张：4
2007 年 4 月第 1 版　2007 年 4 月第 1 次印刷
ISBN 978-7-5010-2101-7　定价：22.00 元